上海市工程建设规范

老旧住宅小区消防改造技术标准

Technical standard for fire renovation of old residential district

DG/TJ 08—2409—2022

J 16610—2022

主编单位:上海建筑设计研究院有限公司
　　　　　上海章明建筑设计事务所(有限合伙)
　　　　　上海市消防救援总队
批准部门:上海市住房和城乡建设管理委员会
施行日期:2023 年 1 月 1 日

同济大学出版社

2023　上海

图书在版编目(CIP)数据

老旧住宅小区消防改造技术标准 / 上海建筑设计研究院有限公司,上海章明建筑设计事务所(有限合伙),上海市消防救援总队主编. —上海:同济大学出版社,2023.3

ISBN 978-7-5765-0795-9

I. ①老… Ⅱ. ①上… ②上… ③上… Ⅲ. ①居住区－消防－旧城改造－技术标准－上海 Ⅳ. ①TU984.12-65 ②TU998.1-65

中国国家版本馆 CIP 数据核字(2023)第 040963 号

老旧住宅小区消防改造技术标准

上海建筑设计研究院有限公司
上海章明建筑设计事务所(有限合伙)　**主编**
上海市消防救援总队

责任编辑　朱　勇
责任校对　徐春莲
封面设计　陈益平

出版发行　同济大学出版社　　www.tongjipress.com.cn
　　　　　(地址:上海市四平路 1239 号　邮编:200092　电话:021－65985622)
经　　销　全国各地新华书店
印　　刷　浦江求真印务有限公司
开　　本　889mm×1194mm　1/32
印　　张　1.5
字　　数　40 000
版　　次　2023 年 3 月第 1 版
印　　次　2023 年 3 月第 1 次印刷
书　　号　ISBN 978-7-5765-0795-9
定　　价　20.00 元

上海市住房和城乡建设管理委员会文件

沪建标定〔2022〕414 号

上海市住房和城乡建设管理委员会
关于批准《老旧住宅小区消防改造技术标准》
为上海市工程建设规范的通知

各有关单位：

由上海建筑设计研究院有限公司、上海章明建筑设计事务所（有限合伙）、上海市消防救援总队主编的《老旧住宅小区消防改造技术标准》，经我委审核，现批准为上海市工程建设规范，统一编号为 DG/TJ 08—2409—2022，自 2023 年 1 月 1 日起实施。

本标准由上海市住房和城乡建设管理委员会负责管理，上海建筑设计研究院有限公司负责解释。

上海市住房和城乡建设管理委员会

2022 年 8 月 22 日

前　言

根据上海市住房和城乡建设管理委员会《关于印发〈2020年上海市工程建设规范编制计划〉的通知》(沪建标定〔2019〕752号)的要求,标准编制组在充分总结以往经验,结合新的发展形势和要求,参考国家、行业及本市相关标准规范和文献资料,并在广泛征求意见的基础上,编制了本标准。

本标准的主要内容有:总则;术语;基本规定;现场勘察;总体布局与公共消防设施;建筑防火;建筑消防设施;火灾危险源防控措施;施工和使用期间防火要求。

各单位及相关人员在执行本标准过程中,如有意见和建议,请及时反馈至上海市消防救援总队(地址:上海市中山西路229号;邮编:200051),上海市房屋管理局(地址:上海市世博村路300号;邮编:200125),上海建筑设计研究院有限公司(地址:上海市石门二路258号;邮编:200041;E-mail:isa@aisa.com.cn),上海市建筑建材业市场管理总站(地址:上海市小木桥路683号;邮编:200032;E-mail:shgcbz@163.com),以供今后修订时参考。

主　编　单　位:上海建筑设计研究院有限公司

　　　　　　　　上海章明建筑设计事务所(有限合伙)

　　　　　　　　上海市消防救援总队

参　编　单　位:应急管理部上海消防研究所

　　　　　　　　应急管理部天津消防研究所

　　　　　　　　上海都市再生实业有限公司

　　　　　　　　华东建筑设计研究院有限公司

主要起草人:杨　波　寿炜炜　徐　凤　陈众励　王　朔

　　　　　　潘嘉凝　章　明　谈　迅　杨君涛　阚　强

何　焰　朱建荣　于　亮　林　澐　凌颖松

王　伟　刘　啸　赵华亮　王　薇　曹晴烨

王彦杰　汪海良　刘　怡　张琼芳　丁　顺

朱小彤　金达华

主要审查人：章迎尔　张锦冈　朱伟民　包顺强　马　哲

陈玲珠　洪彩霞

上海市建筑建材业市场管理总站

目　次

Contents

1 总　则

1.0.1　为强化老旧住宅小区消防安全,预防火灾和减少火灾危害,保障人身和财产的安全,制定本标准。

1.0.2　本标准适用于老旧住宅小区(包括单栋老旧住宅)的消防改造。本市其他既有住宅小区的消防改造,在技术条件相同时,也可适用。

1.0.3　老旧住宅小区的消防改造方案应结合小区现状和现场勘察情况,因地制宜,采取安全适用、技术可靠、经济合理的消防措施,有效提高老旧住宅小区的消防安全水平。

1.0.4　老旧住宅小区消防改造除应符合本标准外,尚应符合国家、行业和本市现行有关标准的规定。

2 术 语

2.0.1 老旧住宅小区　old residential district

建成于 2000 年年底前,存在设备设施陈旧、市政配套不完善等问题的住宅小区(含单栋住宅楼)。

2.0.2 消防改造　fire renovation

通过优化总平面布局、增加公共消防设施、改善建筑防火性能、加强建筑消防设施配置、控制火灾危险源等措施,减少消防安全隐患,提升老旧住宅小区消防安全水平。

3 基本规定

3.0.1 老旧住宅小区消防改造前应进行现场勘察,现场勘察结论可作为确定老旧住宅小区消防改造方案的依据。

3.0.2 老旧住宅小区消防改造应结合相关规划,合理布局消防设施。

4 现场勘察

4.0.1 现场勘察的范围除老旧住宅小区范围外,还应包括外围可能对老旧住宅小区消防安全存在影响的区域。

4.0.2 老旧住宅小区的现场勘察应基于设计时所依据的消防技术法规和老旧住宅小区消防安全现状,结合现行消防技术的相关规定。

4.0.3 现场勘察前应收集与老旧住宅小区消防安全状况相关的资料,应包括但不限于老旧住宅小区总平面图、单体建筑平面图、既有消防设施系统图、已采取的主要防火措施、消防审验资料等。

4.0.4 现场勘察宜包括但不限于表 4.0.4 所列内容,并应编写现场勘察文件。

表 4.0.4 现场勘察内容

类别	分项	现场勘察内容
概况	现状	小区范围、建筑特点、结构形式;必要的总平面图、既有的消防设施系统图,改造对象的现状实测图等
	人员情况	居民数量、人员构成情况;居民消防安全素质情况
火灾危险源	历史火灾	小区及其周边区域建筑的历史火灾情况,包括火灾的致灾因素、过火面积、人员伤亡、财产损失和建筑受损情况等
	用火、用气、用电	明火使用情况及不安全行为,燃气使用和存放场所情况、燃气钢瓶的容量、燃气管道的使用情况及不安全的行为
		电气线路使用年限、配电箱材质及安装方式、配电线缆的敷设和接线、配电系统绝缘、配电保护措施、终端用电设备是否满足电气防火要求等

类别	分项	现场勘察内容
火灾危险源	电动自行车	集中充电场所设置情况;电动自行车充电及停放管理情况
	电动汽车	电动汽车充电及停放管理情况
	火灾危险源	周边易燃易爆场所和设施;小区及周边可燃物的堆放情况
建筑防火	建筑参数	建筑的高度、层数、面积
	耐火等级	建筑墙、柱、梁、楼板等主要构件情况;建筑材料燃烧性能
	防火间距	建筑防火间距;建筑本体及相邻其他建筑外墙门窗洞口开窗面积、外墙面积
	疏散条件	安全出口、疏散通道数量及宽度,最远疏散距离;疏散楼梯、疏散通道等疏散路径的围护结构的建筑材料燃烧性能
消防设施	消防给水系统	消防水源;给水管网供水压力、流量、管道埋深、管材类型、管径、耐压力及锈蚀情况;室内外消火栓数量、栓口压力、使用完好度、间距;水带、水枪、轻便消防水龙配置情况和完好情况;必要时调研极端条件下管网压力、流量等
	灭火设施与器材	自动喷水灭火系统(简易自动喷水灭火系统)、其他自动灭火系统,灭火器等的配置情况、合理性、完好性和有效性
	火灾自动报警系统	火灾自动报警系统(装置)的配置情况、合理性、完好性和有效性;电气火灾监控系统(装置)的配置情况、合理性、完好性和有效性
	消防电源及配电	消防电源可靠性;消防配电线路选型及敷设、消防设备的控制或保护电器等是否满足规范要求;整体消防配电系统能否满足建筑消防安全的需要
	消防应急照明和疏散指示标志	备用照明、疏散照明、疏散指示灯具或标识的设置情况
	消防控制室	消防控制室的位置、面积、设备配置情况;消防控制室值班人员持证上岗情况
消防救援	消防救援条件	消防车登高操作场地、周边消防道路情况;微型消防站建设情况
	消防救援站	周边消防救援站设置情况,能否满足 5 min 到达现场要求

4.0.5 现场勘察应形成勘察结论,宜采用文字、图表等多种形式相结合的方法进行描述。

4.0.6 现场勘察结论应依据勘察对象实际状况,针对发现的问题,结合勘察对象的现状和火灾风险情况,提出对策措施及建议。

5 总体布局与公共消防设施

5.1 一般规定

5.1.1 老旧住宅小区消防改造时,对占用防火间距、消防车登高操作场地,占用或堵塞消防车通道、疏散通道等违法建(构)筑物的处置应符合本市的相关规定。

5.1.2 老旧住宅小区内增设老年人、儿童、残疾人等弱行为能力人群的照料服务场所的,应满足现行国家标准《建筑设计防火规范》GB 50016 的相关规定。现状已经存在上述场所但不满足现行国家标准《建筑设计防火规范》GB 50016 相关规定的,宜增设火灾自动报警系统(装置)、自动喷水灭火系统、电气火灾监控系统、室内消火栓或轻便水龙,并宜在消防改造时置换调整。

5.1.3 有条件的老旧住宅小区内宜设置电动自行车集中停放充电场所,并应符合本市的相关规定。

5.1.4 老旧住宅小区内电动汽车充电基础设施的设置应符合现行上海市工程建设规范《电动汽车充电基础设施建设技术标准》DG/TJ 08—2093 的相关规定。

5.1.5 老旧住宅小区内多层住宅加装电梯的,其消防安全要求应符合现行上海市工程建设规范《既有多层住宅加装电梯技术标准》DG/TJ 08—2381 的相关规定。

5.1.6 老旧住宅小区内微型消防站的建设应符合现行上海市地方标准《专职消防队、微型消防站建设要求》DB 31/T 1330 的相关规定。

5.2 道路及场地

5.2.1 老旧住宅小区内宽度大于 4 m、具备改造条件的小区车辆出入口,宜改造为兼顾消防车通行的出入口,并应满足本标准第 5.2.3 条要求。

5.2.2 老旧住宅小区内的消防车道改造宜形成环通,尽端道路应设置消防车的回转场地;如因现状条件限制无法形成完整方形或圆形场地,消防车可以利用不规则、但满足消防车回转要求的场地作为消防回车场地。

5.2.3 老旧住宅小区内的道路应满足消防车辆的通达要求,并符合下列规定:

1 优先利用和改造既有道路,确保小区内有不小于 4.0 m 净宽、4.0 m 净高的道路,小区内各单元口距离最近道路不宜超过 80 m。

2 消防车的出入口及内部道路无法通过改造满足本条第 1 款规定的道路设置要求时,可借用与消防车出入口直接连通的市政道路或满足消防车通达要求的公共通道(街坊总弄),且路边围墙上均应开设连通小区内部、可供消防救援人员通行的大门。

3 小区既有道路条件不满足消防车通行,且难以满足本条第 1、2 款规定的要求时,宜利用既有道路现状条件,根据其不同通行能力,按表 5.2.3 在社区微型消防站配置消防车辆。

表 5.2.3　小区道路与消防车辆对应表

小区既有消防道路宽度(m)	消防车辆
3~4	小型消防车
2~3	消防摩托车

4 供消防车通行的小区内部道路、消防车登高操作场地改造时,应考虑消防车荷载要求。

5　消防车通行的出入口、消防道路应保持畅通,不应设置隔离桩、栏杆等障碍设施;当确需设置时,应为可移动式。

5.2.4　老旧住宅小区内的高层住宅建筑受现状场地条件限制,难以满足现行国家标准《建筑设计防火规范》GB 50016 规定的消防车登高操作场地的尺寸要求时,可通过拆除违法建(构)筑物、迁移可移动的设施设备、借用相邻城市道路或相邻地块用地等来改善消防车登高救援条件。

5.2.5　消防车登高操作场地不应被无关设施设备、绿化、固定景观等占用,场地上不应设置机动车停车位;确需临时停放机动车的,应采取配备专门管理人员、建立车主联络机制、配备移车器等可靠的技术和管理措施。

5.3　防火间距

5.3.1　老旧住宅小区内住宅建筑之间的防火间距不满足现行国家标准《建筑设计防火规范》GB 50016 的相关规定时,可采取防火墙、甲级防火窗、甲级防火门、防火水幕等消防措施进行防火隔离。

5.3.2　老旧住宅小区内住宅建筑之间的防火间距,受现状场地条件限制,无法按本标准第 5.3.1 条改造时,应至少采取下列措施之一:在相邻的住宅的公共部位及住宅配套的商业服务用房内设置火灾自动报警系统(装置)、自动喷水灭火系统、电气火灾监控系统、室内消火栓或轻便水龙。

6 建筑防火

6.1 建筑耐火性能改善措施

6.1.1 老旧住宅消防改造时,宜对建筑内的可燃性构件用不燃性构件或难燃性构件进行替换。

6.1.2 老旧住宅消防改造时,对确实难以替换的木柱、木梁、木楼板、木屋顶等可燃性构件应采取涂刷阻燃涂料、不燃材料保护等防火保护措施,并宜采取下列一项或多项措施改善可燃性构件的耐火极限和燃烧性能:

    1 木搁栅地板之间增设不燃性梁或难燃性梁,并宜结合木地板更新,在不燃性梁或难燃性梁上增设不燃性楼板或难燃性楼板。

    2 木搁栅楼板下方增设不燃材料建造的吊顶,其耐火极限不应低于 0.25 h,且木搁栅楼板内部应填充不燃材料。

    3 木屋架下方增设不燃材料建造的吊顶,其耐火极限不应低于 0.25 h,且在木屋架内部填充不燃材料,或屋架木构架采用耐火极限不低于 0.50 h 的不燃材料保护。

    4 木楼梯宜采取涂刷阻燃涂料等防火保护措施;当该楼梯的宽度有富余时,宜对楼梯周边的可燃性墙体采用耐火极限不低于 0.5 h 的不燃材料保护。

    5 可燃性结构建造的疏散走道两侧的隔墙宜涂刷阻燃涂料提高燃烧性能;当该走道的疏散净宽度有富余时,宜对走道两侧的可燃性隔墙采用耐火极限不低于 0.5 h 的不燃材料保护。

6.1.3 老旧住宅的屋面、外墙保温材料采用易燃材料的,应对其外墙抹灰进行修补,并宜在外墙修缮、屋面防水翻新等工程时进行提升或更新,使保温材料的燃烧性能满足规范要求。

6.2 安全疏散

6.2.1 老旧住宅消防改造时,宜在疏散楼梯间、疏散走道等公共部位增设消防应急照明和灯光疏散指示标识。

6.2.2 老旧住宅消防改造时,对于疏散楼梯数量不满足现行国家标准《建筑设计防火规范》GB 50016 的住宅建筑,在具备条件的情况下,可采取下列措施:

    1 增设室外楼梯。

    2 与相邻建筑或单元楼梯连通。

6.2.3 疏散走道净宽度大于 1.0 m 的内廊式老旧住宅,宜在通廊与疏散楼梯间之间设置乙级防火门。

6.2.4 建筑高度大于 21 m、小于或等于 33 m 的老旧住宅,如原状为敞开楼梯或敞开楼梯间且不具备改造条件的,宜将户门替换为乙级防火门。

6.2.5 建筑高度大于 33 m 的老旧住宅,如原状为非防烟楼梯间且不具备改造条件的,宜将户门替换为乙级防火门,且宜在疏散楼梯间、疏散走道等公共部位增设火灾自动报警系统(装置)、室内消火栓系统和自动喷水灭火系统。

6.2.6 老旧住宅消防改造时,不应减少户门、安全出口、疏散走道和疏散楼梯的净宽度,不应增加疏散楼梯的坡度。

6.2.7 老旧住宅建筑改造后保留原状公共晒台的,该晒台不得封闭;当该晒台与疏散楼梯间连通时,宜在晒台与疏散楼梯间之间设置乙级防火门。

6.2.8 老旧住宅建筑宜在晒台、阳台、可供人员进入的外窗等处的适当位置设置固定的建筑火灾逃生装置。

6.2.9 疏散出口门应为向疏散方向开启的平开门或在火灾时具有平开功能的门,且疏散门应能在火灾时手动开启。开向疏散楼梯(间)或疏散走道的门在完全开启时,不应减少楼梯平台或疏散走道的有效净宽度。

6.2.10 除住宅的户门可不受限制外,建筑中控制人员出入的闸口和设置门禁系统的疏散出口门,应能在火灾时自动释放,且人员不需使用任何工具即能容易地从内部打开,在门内一侧的显著位置应设置明显的标识。

6.2.11 除旧式里弄、前天井院门与开启后影响消防车道宽度的外门外,底层安全出口的门应向疏散方向开启。

6.3 消防标志和标识

6.3.1 老旧住宅小区的消防车通道应实行标志和标线标识管理(见本标准附录 A),并确保消防车通行,同时,应符合下列规定:

 1 在消防车通道路侧缘石立面和顶面应施划黄色禁止停车标线;无缘石的道路应在路面上施划禁止停车标线,标线为黄色单实线,距路面边缘 30 cm,线宽 15 cm。

 2 消防车通道沿途每隔 20 m 距离在路面中央施划黄色方框线,在方框内沿行车方向标注内容为“消防车道禁止占用”的警示字样。

 3 在消防车通道出入口路面,按照消防车通道净宽施划禁停标线,标线为黄色网状实线,外边框线宽 20 cm,内部网格线宽 10 cm,内部网格线与外边框夹角 45°,标线中央位置沿行车方向标注内容为“消防车道禁止占用”的警示字样;同时在消防车通道两侧设置醒目的警示牌,提示“严禁占用消防车通道,违者将承担相应法律责任”等内容。

6.3.2 老旧住宅小区楼内楼梯间与公共走道的醒目处应设置禁止堆放杂物的标识。

6.3.3 老旧住宅小区楼内各楼层的楼梯口、公共走道的醒目处应设置用于标注楼层编号的标识牌。

7 建筑消防设施

7.1 给水排水

7.1.1 消防水源宜由市政给水管两路供水,室外消防管道宜在用地范围内布置成环状管网。消防用水量应符合现行国家标准《消防给水及消火栓系统技术规范》GB 50974 的规定。

7.1.2 老旧住宅小区应设室外消火栓,其间隔距离不宜大于80 m。

7.1.3 当老旧住宅小区内无室外消火栓、小区内的住宅距离最近的市政消火栓大于 150 m,且无条件接入市政消防给水时,宜在小区内设置供水空管,其起端应设置于小区出入口处的市政消火栓附近,末端宜设于被保护的住宅附近,并应符合下列规定:

    1 供水空管管径宜为 80 mm～100 mm,采用不锈钢或内外壁热镀锌管材,工作压力不低于 1.0 MPa。

    2 供水空管起端应设置 KYKA90 卡式管牙雄接口。

    3 供水空管末端应设置 KYK65 卡式管牙雌接口。

    4 供水空管末端应设于不锈钢材质消火栓箱内,箱体应安装牢固。

    5 供水空管末端安装高度距离地面宜为 700 mm,其出水口处应安装保护罩。

    6 消火栓箱设置位置应易于取用,并有明显的标志。

7.1.4 老旧住宅宜设室内消火栓,确有困难的,可设置为干式消火栓、消防软管卷盘或轻便水龙。

7.1.5 老旧住宅设置消防软管卷盘时,其布置间距不应大于35 m,且应有 2 股水柱同时达到公共部位的任何位置,并应有 1 股水柱到达各户室内。水喉安装高度宜为 1.10 m。

7.1.6 老旧住宅消防改造时,宜在公共部位增设自动喷水灭火系统;确有困难的,可设置局部应用系统。

7.2 电气及智能化

7.2.1 老旧住宅小区的消防供电电源应符合下列规定:

1 建筑高度大于 54 m 的住宅建筑,其消防系统应按一级负荷供电。

2 除低层住宅外的其他住宅建筑,其消防系统应按二级负荷供电。

3 市政条件不满足时,其消防系统供电应设置应急电源作为第二电源。

7.2.2 建筑高度 27 m 及以上的老旧住宅的公共部位应设置消防应急照明和疏散指示系统;建筑高度小于 27 m 的,宜设置消防应急照明和疏散指示系统。建筑内疏散走道应急照明的地面最低水平照度不应低于 1.0 lx;对于楼梯或楼梯间、前室或合用前室,地面最低水平照度不应低于 5.0 lx。

7.2.3 老旧住宅公共部位的消防设备配电线路选用应符合下列规定:

1 电线穿管敷设时,应采用耐火电线;明敷时,应采用金属管保护,并采取防火保护措施。

2 电线在封闭式金属桥架(线槽)内敷设时,应采用低烟无卤阻燃耐火电线,并采取防火保护措施。

3 燃烧性能为 A 级的电缆可直接明敷。

7.2.4 老旧住宅小区的照明灯具应符合下列规定:

1 宜采用低温照明灯具,不宜设置卤钨灯等高温照明灯具。

2 开关、插座和照明灯具靠近可燃物时,应采取隔热、散热等防火保护措施。

7.2.5 门卫等有人值班的老旧住宅的公共部位宜设置电气火灾监测系统、消防设备电源监测系统。

7.2.6 老旧住宅的公共部位的配电线路、住户电表总配电箱可设置电弧故障火灾探测器。高度大于 12 m 的空间场所,照明线路应设置电弧故障火灾探测器。

7.2.7 老旧住宅火灾自动报警系统(装置)的设置应符合下列规定:

   1 老旧住宅的公共部位,宜设置火灾自动报警系统(装置)。

   2 木结构的住宅建筑,住户内宜设置火灾探测器。

   3 住宅内的公共厨房,宜设置感温型火灾探测器。

   4 线路敷设不方便的区域,应能通过无线网络等方式将火警和故障信息传输给火灾报警控制器。

   5 设有火灾自动报警系统(装置)的老旧住宅内,应增设声光报警装置,其报警声音强度不应小于 70 dB。

   6 老年人、儿童、残疾人等弱行为能力人群的居住场所,住户内宜设置独立式火灾探测报警器。

7.2.8 老旧住宅小区设有下列自动消防系统(设施)之一的建筑物或构筑物,宜设置消防设施物联网系统,消防设施物联网系统应符合现行上海市工程建设规范《消防设施物联网系统技术标准》DG/TJ 08—2251 的规定。

   1 自动喷水灭火系统。

   2 机械防烟或机械排烟系统(设施)。

   3 火灾自动报警系统。

7.2.9 结合改造条件,老旧住宅内的公用厨房应设置燃气泄漏报警装置;独用厨房或其他使用燃气的场所宜设置燃气泄漏报警装置。

7.2.10 结合改造,更新配电柜(箱),电度表应安装于配电箱内,规整电气线路,统筹室外各类机电管线。在具备条件的情况下,小区内的主干电线电缆宜改为埋地敷设。

7.3 防烟、排烟及通风空调系统

7.3.1 老旧住宅消防改造时,其封闭楼梯间、防烟楼梯间、独立前室、合用前室、共用前室及消防电梯前室的防烟系统受现状条件限制,不满足国家和本市现行相关标准要求时,可通过采用增加可开启外窗的面积、将原状固定外窗改造为可开启外窗、楼梯间直灌式加压送风等方法来改善上述部位防烟条件。如原状有可开启的外窗,应保证已有可开启外窗的开启可靠性。

7.3.2 公共部位的通风、空气调节系统的风管和绝热材料应采用不燃材料。

8 火灾危险源防控措施

8.0.1 用于炊事的明火,其周围2.0 m范围内的墙面、地面应采用不燃材料进行防火隔离保护。

8.0.2 耐火等级为三级或四级的老旧住宅,对可能产生明火或火花的部位应采取隔离、监护等防范措施。

8.0.3 进入建筑物内的燃气管道应采用镀锌钢管并设有切断阀,严禁采用塑料管道。

8.0.4 燃气灶具应安装在通风良好的房间内,并应与卧室分隔;燃气灶具与燃气管道的连接管应安装牢固,并应定期检查。

9 施工和使用期间防火要求

9.1 施工期间防火要求

9.1.2 老旧住宅小区消防改造工程施工现场的消防安全应符合现行国家标准《建设工程施工现场消防安全技术规范》GB 50720 的相关规定。

9.1.2 老旧住宅小区工程施工所用脚手架应采用不燃材料搭设,宜选用钢管扣件或盘扣式脚手架。

9.1.3 老旧住宅小区工程施工前,施工单位应对现场施工作业人员进行消防宣传教育,告知建筑消防设施、疏散通道、安全出口的位置及使用方法,同时应不定期组织消防疏散演练。

9.1.4 施工现场宜优先考虑全部型材场外加固的措施。确需现场动火作业的,应在地面及空旷区域完成。确需在脚手架等区域进行动火作业的,应按照现行国家标准《建设工程施工现场消防安全技术规范》GB 50720 的相关规定执行。

9.1.5 当施工现场进行切割、焊接等动火作业时,应设置接火容器,其尺寸、位置应视现场风力、风向等实际情况设置。

9.2 使用期间防火要求

9.2.1 在消火栓、消防水泵接合器两侧沿道路方向各 5 m 范围内,禁止停放机动车并应在明显位置设置警示标志。

9.2.2 住宅周围的消防道路和消防车登高操作场地应保持畅通,并应在消防道路或消防车登高操作场地上设置明显标示和不得占用、阻塞的警示标志。

9.2.3 住宅的疏散走道、楼电梯间及其前室、安全出口处不应停放电动自行车或者为电动自行车充电。

9.2.4 采用液化石油气钢瓶供气的老旧住宅小区，其钢瓶的型号、规格和数量应符合要求。存放和使用液化石油气钢瓶的房间应通风良好，严禁在地下室存放和使用。

附录 A 老旧住宅小区消防车通道标志和标线标识管理

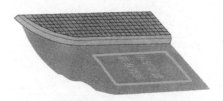

图 A.1 消防车通道路侧禁停标线及路面警示标志示例图

图 A.2 消防车通道出入口禁停标线及路面警示标志示例图

图 A.3 消防车通道禁止占用警示牌示例图

本标准用词说明

1 为便于在执行本标准条文时区别对待，对要求严格程度不同的用词说明如下：

1）表示很严格，非这样做不可的用词：

正面词采用"必须"；

反面词采用"严禁"。

2）表示严格，在正常情况下均应这样做的用词：

正面词采用"应"；

反面词采用"不应"或"不得"。

3）表示允许稍有选择，在条件许可时首先应这样做的用词：

正面词采用"宜"；

反面词采用"不宜"。

4）表示有选择，在一定条件下可以这样做的用词，采用"可"。

2 条文中指明应按其他有关标准执行时的写法为"应符合……的规定"或"应按……执行"。

引用标准名录

1 《建筑设计防火规范》GB 50016
2 《建筑内部装修设计防火规范》GB 50222
3 《消防给水及消火栓系统技术规范》GB 50974
4 《建筑防烟排烟系统技术标准》GB 51251
5 《消防应急照明和疏散指示系统技术标准》GB 51309
6 《建筑防排烟系统设计标准》DG/TJ 08—88
7 《电动汽车充电基础设施建设技术标准》DG/TJ 08—2093
8 《既有多层住宅加装电梯技术标准》DG/TJ 08—2381
9 《专职消防队、微型消防站建设要求》DB 31/T 1330

上海市工程建设规范

老旧住宅小区消防改造技术标准

DG/TJ 08—2409—2022
J 16610—2022

条 文 说 明

2023　上海

目　次

Contents

1 总 则

1.0.2 老旧住宅小区内涉及文物和优秀历史建筑等其他特殊类型建筑(含单栋建筑)的改造和装饰装修工程不适用本标准。

1.0.3 老旧住宅小区的消防改造,与现代新建居住小区和建筑的防火设计理念、原则、方法存在差异,应当立足于既有现状和火灾隐患情况,通过改善消防安全状况来提高消防安全水平。

2 术 语

2.0.1 本标准中的老旧住宅小区指 2000 年年底前建成且设备设施陈旧、市政配套不完善的居住小区（含单栋住宅楼），包括老式公房、旧式里弄和简屋聚集区。

3 基本规定

3.0.1 老旧住宅小区消防改造前可自行或委托第三方进行现场勘察,勘察结论作为确定消防改造方案的技术依据,以保证采取的改造技术措施可以针对性地提高老旧住宅小区的火灾防控水平。

5 总体布局与公共消防设施

5.1 一般规定

5.1.1 本市的相关规定主要是《上海市拆除违法建筑若干规定》的相关规定和《上海市住宅物业管理规定》第五十六条第二款的规定。

5.1.2 现状已经存在老年人、儿童、残疾人等弱行为能力人群的照料服务场所的建筑，但不满足现行国家标准《建筑设计防火规范》GB 50016 相关规定的，宜在改造时将上述功能置换调整；短期确实难以置换调整的，应进行改造，其改造标准不应低于现状；鼓励采用新技术，以满足消防安全要求。

5.1.3 老旧住宅小区宜因地制宜增设电动自行车集中停放充电场所或将既有的自行车库改造为满足电动自行车集中停放充电的场所。本市的相关规定主要有《2019 年市政府实事项目"为700 个住宅小区新增电动自行车充电设施"实施方案》（沪精推办〔2019〕5 号）等。

5.2 道路及场地

5.2.1 一般消防车道通行范围最小净宽和净高均不小于 4 m，此范围内不得用于机动车停车位、非机动车停车场地或堆放物件，确保通畅。消防车道通行高度内不应有任何影响消防车通行的凸出物，比如雨棚、电缆线路、屋檐、空调外机等构筑物和设备。

5.2.2 消防车可以利用如图 1 所示的不规则的场地作为消防回车场地。不规则的场地可为丁字形、Y 字形等。满足消防车回车要求的场地,从交叉点起算的车道长度不应小于 12 m。道路半径不小于道路尺寸可配备的消防设施所需要的半径。

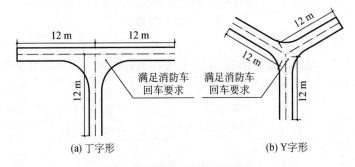

(a) 丁字形   (b) Y字形

图1 不规则的消防回车场地

5.2.3 老旧住宅小区的出入口应畅通,如果设置了仅供行人通过的障碍物,应有可在紧急情况移除的措施,或者另有可以完全打开的紧急通道,并确保其净宽不小于 1.0 m,供消防救援人员(携带消防救援装备器材)通行。

环通路可在小区内部自环通,也可以通过小区的消防通道门与相邻市政道路、公共通道(街坊总弄)环通,并应在围墙上开设可供消防救援人员通行的门,使消防车道尽量靠近小区每一栋楼,缩短消防救援人员到达火场的时间。

如果小区既存环通路的宽度、净高、转弯半径等条件无法通过改造来满足一般消防车通行,应做必要的疏通、整理,确保对应其道路宽度的相关设备设施(见表5.2.3)及消防救援人员可以安全快捷通过。比如小区路改造成为可行驶小型消防车和消防摩托车等消防设备的车道,车道边宜增加室外消火栓或室外安装的供室内用的消火栓。

5.2.4 借用相邻城市道路或相邻地块用地,将消防登高场地设置在红线外时,应经相关主管部门同意,并应确保道路与小区建筑之间有可靠连通路径和大门,确保登高场范围无影响消防车登高作业的高大乔木行道树(一般指 5 m 以上的树木)、构筑物以及架空线路等,并满足消防设备对场地平整度和承载力要求。

5.3　防火间距

5.3.2　受现状条件限制,室内消火栓或轻便水龙可安装在室外,邻近住宅,便于消防施救。

6 建筑防火

6.1 建筑耐火性能改善措施

6.1.1 对老旧住宅建筑的结构构件替换时,其构件的燃烧性能、耐火极限不应较改造前降低。宜引入新材料、新工艺,以提高构件的耐火性能。

6.1.2 部分老旧住宅小区存有砖木混合结构住宅,大量采用木搁栅地板、木楼梯、木屋架及木屋顶,整体耐火等级为三级或四级,可通过改造提升结构构件的耐火极限和燃烧性能。

6.2 安全疏散

6.2.1 老旧住宅消防改造时,宜优先考虑在疏散楼梯间、疏散走道等公共部位增设消防应急照明和灯光疏散指示标识。

6.2.7 住宅内保留有公共晒台的,可结合实际在晒台隔墙处设置防火门,在火灾发生时可通过与相邻晒台相连的楼梯间作为第二疏散口进行疏散。

6.2.8 常用的建筑火灾逃生装置有逃生缓降器、逃生梯、逃生滑道、应急逃生器等。住宅建筑改造后保留原状公共天井,且该公共天井可通过住宅建筑的公共区域直通室外的,宜在开向公共天井的外窗处的适当位置设置固定的建筑火灾逃生装置。

6.2.9 为避免在着火时由于人群惊慌、拥挤而压紧内开门扇使门无法开启,要求疏散门应向疏散方向开启。对于疏散人员较少且人员对环境和门的开启形式熟悉的场所,疏散门的开启方向可以不限。通向室外的电控门和感应门均应为一旦断电,即能自动开启或手动开启。

6.2.10 开启后影响疏散宽度或消防车道宽度的门宜改为内开。

7 建筑消防设施

7.1 给水排水

7.1.1 老旧住宅小区改造应确保市政消防水源,在同一条道路上由两根市政给水管网分别接入引入管;在引入管之间的市政给水管道上设检修阀,也可属两路供水。

室外消防管网布置成为环状管网,可提高消防供水能力。

在街道不受限情况下,可设独立消防给水管道系统,可将管网改造成为环状管网。

老旧住宅小区周边若有符合条件的天然水源,可作为备用水源,单独设立消防取水装置,另建设一套消防给水系统。

7.1.2 根据国家现行消防规范要求,市政消火栓一般设置在城市道路两侧,室外消火栓的间距不超过 120 m,保护半径不超过 150 m。老旧住宅小区不同位置、不同建筑的需求不一样,且老旧住宅小区消防设施不足、道路狭窄,增加室外消火栓数量可以增强灭火能力。

7.1.3 当消防车无法进入老旧住宅小区时,或者老旧住宅小区内无室外消火栓且距离最近的市政消火栓超过 150 m,又无条件接入市政消防给水时,可以通过供水空管向小区内提供消防水源实施灭火救援。供水空管可以埋地敷设或明设,管道外壁应有防腐蚀措施。

卡式管牙接口应符合现行国家标准《消防接口通用技术条件》GB 12514.3 的规定。设有卡式管牙接口的消火栓箱体应安装牢固,可安装在混凝土基础上;箱体表面应写有"消防供水空管系统取水口(平时无水、应急供水)"字样,且有明显的标志。

当供水空管使用完毕后应泄空存水,可在管道最低处设DN50泄水管及阀门,避免冬季管道内存水结冻,影响消防救援时使用。

7.1.4 有条件的老旧住宅小区消防改造时,宜设置室内消火栓给水系统,提高自救能力。户内生活给水管道上可设轻便水龙,轻便水龙为在自来水供水管路上使用的由专用消防接口、水带及水枪组成的一种小型简便的喷水灭火设备,有关要求见现行行业标准《轻便消防水龙》XF 180 及相关产品要求。户内壁挂式轻便水龙可设置在厨房、卫生间或阳台内,要求供水压力不低于0.20 MPa。

7.1.5 老旧住宅内部一般未设置室内消火栓保护,在适当位置增设消防软管卷盘,以达到快速取用灭火的目的。必要时,可设于室外,也可作为室外消防灭火的加强措施。

消防软管卷盘的水源可由市政给水管网供水。

消防软管卷盘应选用 DN25、软管长度不超过 30 m 的水喉,安装在箱体内。

消防软管卷盘的布置位置原则应首先满足火灾自救,设置在公共走道入口等明显易于取用的部位,便于火灾扑救的位置,必要时可以设置在楼梯平台处。一般安装位置可参照表 1。

表 1　消防软管卷盘设置位置

建筑物	消防软管卷盘设置位置
一廊多户	外廊入口处、单向疏散外廊底部
一门多户	门入口处、单向疏散外廊
石库门	前门、后门入口处

当消防软管卷盘安装在室外或有可能结冻的部位时,还应对给水管道采取防冻措施。保温材料及保护层材料要求应符合现行上海市工程建设规范《住宅设计标准》DGJ 08—20 的有关规定。

7.1.6 当城市供水能够同时保证最大生活用水量和自动喷水灭火局部应用系统的流量和压力时,城市供水管可直接向自动喷水灭火局部应用系统供水。

当城市供水不能同时保证最大生活用水量和自动喷水灭火局部应用系统的流量和压力,允许从城市供水管道直接吸水时,消防水泵可直接吸水供自动喷水灭火局部应用系统。

当城市供水不能同时保证最大生活用水量和自动喷水灭火局部应用系统的流量和压力,不允许从城市供水管道直接吸水时,应设消防贮水池(罐)和消防泵,其有效容积应按自动喷水灭火局部应用系统用水量确定。

对老式砖木结构居民住宅楼,增设自动喷水灭火系统确有困难的,可设置自动喷水灭火局部应用系统,自动喷水灭火局部应用系统的相关要求可按上海市《简易自动喷水灭火系统设计、施工、维护暂行技术办法》(沪消发〔2002〕206号)执行。

当老旧住宅设有自动喷淋灭火系统时,户内宜设住宅喷头或快速响应喷头。

7.2 电气及智能化

7.2.2 老旧住宅小区建筑消防应急照明和疏散指示系统一般都是非集中控制系统的,改造后相关区域的疏散通道、楼梯等应急疏散场所需按现行国家标准《消防应急照明和疏散指示系统技术标准》GB 51309执行。老旧住宅小区的多层住宅建筑,综合考虑实际情况设置应急照明,每层住户比较多,疏散路线比较绕的,建议设置应急照明。

7.2.3 耐火电线、电缆的燃烧性能等级的区分应符合现行国家标准《民用建筑电气设计标准》GB 51348 的相关要求。

7.2.5 具体系统要求可参见现行上海市工程建设规范《民用建筑电气防火设计规程》DGJ 08—2048 的相关要求。

7.2.6 设置电弧故障火灾探测器,可实时监控线路电弧故障,及时消除火灾隐患。系统具有本地声光报警功能,也可向上位机传输信号。主机可独立工作,也可接入电气火灾监控系统中。

7.2.7 对于耐火等级较低的老旧住宅,消防改造时,有条件的,应在其公共部位增设火灾自动报警系统;确有困难的,可设置为独立式火灾报警装置。

通过无线网络等方式将火警和故障信息传输给火灾报警控制器,有条件的,也可考虑同时将信息传输至相关人员的手机端。

7.2.9 其他使用燃气的场所如设置在厨房或服务阳台的燃气热水器。公用厨房或独用厨房设置的燃气泄漏报警装置,在有条件的情况下,建议带联动燃气切断阀与排风装置的功能。

7.3 防烟、排烟及通风空调系统

7.3.1 现行国家标准《建筑防烟排烟系统技术标准》GB 51251 和上海市工程建设规范《建筑防排烟系统设计标准》DG/TJ 08—88 对封闭楼梯间、防烟楼梯间、独立前室、合用前室、共用前室及消防电梯前室等部位的防烟系统设置做了明确规定。但是老旧住宅历经年代不同,情况复杂,往往难以满足国家和本市现行相关标准的要求。这些部位是火灾时人员安全疏散的重要通道,应尽可能采取必要措施来保证这些部位的安全。当有条件时,可因地制宜采用各种适宜的方法来改善上述部位的防烟条件。

7.3.2 本条系根据国家标准《建筑设计防火规范》GB 50016—2014(2018 年版)第 9.3.14 条、第 9.3.15 条的要求设置。公共部位的通风、空气调节系统的风管是火灾、烟气蔓延的主要途径。老旧住宅使用的建筑材料情况复杂,可燃、易燃物较多,故对老旧住宅公共部位的通风、空气调节系统中所使用的风管及绝热材料的燃烧性能提出了更高的要求。

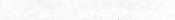